과학커뮤니케이터 수소가 들려주는 과학 이야기

아르키메데스 의 원리

이정원 지음

휴페리온

과학커뮤니케이터 수소가 들려주는 과학 이야기
아르키메데스의 원리

초판 발행 2025년 5월 25일

지은이 이정원
펴낸 곳 휴페리온
ISBN 979-11-992784-0-0
판형 210×297mm 28쪽
값 15,400원　**사용연령** 10세 이상
제조국명 대한민국　**제조연월** 2025년 7월
출판사 등록번호 제 2025-000060 호
주소 경기도 수원시 영통구
연락처 jgs8115@naver.com

ⓒ 2025 이정원. All rights reserved.

이 책의 글은 저작권법에 따라 보호받는 창작물이며, 그 저작권은 저자에게 있습니다.
그림은 일부 저자가 직접 제작한 삽화와, 주로 Midjourney 인공지능(AI) 도구를 활용해 프롬프트를
여러 차례 세밀하게 조정하여 생성한 이미지로 구성되어 있습니다.
또한 일부 이미지는 저자가 직접 편집과 보정을 거쳐 완성하였습니다.

Midjourney의 이용 약관에 따라 상업적 사용이 허용된 범위 내에서 해당 이미지를 사용하였습니다.
본 도서의 모든 내용은 저작권자의 허락 없이 복제, 배포, 전송, 전시 또는 2차적 저작물로 사용할 수 없습니다.

수학계의 노벨상이라는 필즈상에는
한 인물의 얼굴이 조각되어 있습니다.
그 인물은 누구일까요?

바로 **아르키메데스** 입니다.

오늘은 최고의 과학자이자 수학자였던
아르키메데스의 이야기로 시작하겠습니다.

고대 그리스에는 과학자 아르키메데스가 살았어요.

아르키메데스는 매우 총명하여,

히에론 왕은 종종 어려운 일이 생기면

아르키메데스에게 부탁을 하곤 했지요.

어느 날, 히에론 왕이 성으로 아르키메데스를 불렀어요.

히에론 왕이 말했어요.

"왕관을 만드는 사람한테 순금 왕관을 만들어 달라고 했는데, 왕관에 은을 많이 섞어서 만들었다는 소문이 돌고 있네. 아르키메데스, 왕관 자체는 마음에 드니 왕관을 자르지 않고 이 왕관이 순금 왕관인지 아닌지 알아봐 줄 수 있겠나?"

아르키메데스는 고민에 빠졌어요.

고민에 빠져 있던 아르키메데스는 기분도 전환할 겸,

탕 안에 들어가 목욕을 하려고 했어요.

목욕탕에 몸을 넣는 순간,

아르키메데스는 왕관을 자르지 않고

구별하는 방법이 머릿속에 번뜩 떠올랐어요.

그래서 깨달았다는 뜻의 '유레카'

라는 말을 하며 온 동네를 뛰어다녔답니다.

아르키메데스는 어떻게 알았을까요?

과학커뮤니케이터 수소와 함께 실험을 해 봅시다.
두 개의 똑같은 컵에 물을 똑같은 양으로 따릅니다.

그리고 양팔저울을 이용하여,

은색 100원 동전과 갈색 10원 동전을 같은 무게로 맞춥니다.

100원 동전 5개와 10원 동전 22개는 무게가 거의 같습니다.

한 컵에는 100원 동전을 넣고,

다른 컵에는 10원 동전을 넣으면 어떻게 될까요?

놀랍게도 10원 동전을 넣은 컵의 물 높이가
더 높아지게 됩니다.
동전을 넣기 전, 두 컵의 물높이는 똑같았고,
넣은 동전의 무게도 똑같은데
동전을 넣은 후, 컵의 물높이에 왜 차이가 생길까요?

다시 한 번 이 그림을 살펴볼까요?

한 눈에 보아도 양팔저울 양 쪽의 무게는 같지만

100원보다 10원 동전이 수도 많고, 차지하는 공간도 큽니다.

동전이 차지하는 **공간의 크기**를 동전의 **부피**라고 합니다.

물 또한 공간을 차지하고 있지요.

물이 차지하는 **공간의 크기**를 물의 **부피**라고 합니다.

이처럼,
물체가 차지하는 **공간의 크기**를 물체의 **부피**라고 합니다.

동전이 차지하는 공간의 크기만큼, 즉,
동전의 **부피**만큼 컵 속 물의 부피는 늘어납니다.
물이 담긴 컵 안에는 작은 물 입자인 물 분자들이
빼곡하게 차 있기 때문에
물 속에 동전을 넣으면
동전이 물 분자들 사이에 끼어들어
넣은 동전의 부피만큼 물 분자들이 밀려납니다.
그래서 물 속에 넣은 동전의 부피만큼
물의 부피가 늘어납니다.

100원 동전의 주성분은 구리,
10원 동전의 주성분은 알루미늄입니다.
알루미늄이 구리보다 같은 무게일 때 부피가 더 크기 때문에
알루미늄을 넣은 컵 속 물의 부피가 더 많이 늘어납니다.

같은 무게일 때 알루미늄이 구리보다 부피가 더 컸던 것처럼,
같은 무게일 때 은은 금보다 부피가 더 큽니다.

아르키메데스는 목욕탕에 몸을 담그는 순간 깨달았습니다.

"이 왕관이 순금 왕관이라면 수조에 넣었을 때
같은 무게의 순금만큼만 물의 부피가 늘 것이다."

그래서 실험을 해 보았지요.

실험을 해 보았더니,
같은 무게의 금을 수조에 넣었을 때 늘어난 물의 부피보다

왕관을 수조에 넣었을 때 늘어난 물의 부피가 훨씬 많았지요.

그래서 왕관이 순금왕관이 아닌,

은이 많이 섞였다는 것을 알게 되었습니다.

이것을 명료하게 설명하기 위해 '밀도'를 알아보겠습니다.

밀도 = 질량 ÷ 부피 입니다.

질량은, 무게와 달리 장소나 상태가 바뀌어도 변하지 않지만, 일단 여기에서는 우리가 양팔저울로 잰 무게를 뜻한다고 이해하겠습니다.

부피는 차지하는 공간의 크기, 즉,
금속이나 동전을 넣었을 때 늘어난 물의 부피와 같습니다.

같은 무게일 때 부피가 클수록 밀도는 낮아집니다. 즉,
같은 무게일 때 늘어난 물의 부피가 많으면 밀도는 낮아집니다.

구리보다 알루미늄이 늘어난 물의 부피가 많으니,
구리보다 알루미늄이 밀도가 낮습니다.

금보다 은이 늘어난 물의 부피가 많으니,
금보다 은이 밀도가 낮습니다.

물질이 자유롭게 이동할 수 있는 기체와 액체에서는,
밀도가 작으면 위로 뜨고, 밀도가 크면 아래로 가라앉습니다.

방울토마토는 물보다 밀도가 커 물에 가라앉지만,
물에 설탕을 많이 넣으면 설탕물보다 방울토마토의 밀도가
작아서 방울토마토는 설탕물 위로 뜨지요.

철은 물보다 밀도가 커서 물에 가라앉지만,

물보다 밀도가 가벼운 통나무는 물 위에 뜹니다.

하지만 철로 만든 배는 물 위에 뜹니다.
철로 만든 배는 밀도를 가볍게 하기 위해
겉에는 철이지만, 안에는 비워 두었거든요.
그래서 물보다 밀도가 낮아 물 위에 뜨지요.

공기를 넣은 풍선은 바닥에 가라앉지만,

공기를 데우면 밀도가 낮아져 열기구는
하늘로 높이높이 올라가지요.

또 하나,
풍선을 떠오르게 할 수 있는 방법이 있어요.
공기보다 밀도가 더 가벼운 헬륨을 넣으면
헬륨풍선은 하늘로 높이높이 올라간답니다.

-끝-

무게와 질량

질량은 물질의 고유한 양입니다.
무게는 지구가 물체를 잡아당기는 힘의 크기를 의미합니다.
달의 중력은 지구의 1/6 이므로 무게도 1/6 이 됩니다.

하지만 질량은 달과 지구에서 모두 같습니다.
질량을 잴 때는 양팔저울이나 윗접시재울로 잽니다.
양팔저울로 재면 달의 중력이 1/6이 되어도 양 쪽에 재려는 물체와
추가 모두 똑같이 영향을 받기 때문에 양팔저울로 잰 질량은
달에서든, 지구에서든 같습니다.
질량의 단위는 킬로그램(kg), 그램(g) 등을 사용합니다.

밀도에는 질량 값을 사용하므로
책에서는 양팔저울을 사용하여 측정한 값이라고 표현하였습니다.

무게는 용수철 저울로 잽니다. 달의 중력이 1/6이 되면 용수철이
그만큼 덜 늘어나 무게가 줄어듭니다. 무게의 단위는 뉴턴 (N)을 사용합니다.

이처럼 측정 장소가 달라져도 질량은 달라지지 않지만 무게는 달라집니다.

우리가 평소에 체중계에 올라 몸무게를 잴 때 50킬로그램(kg)이라 말합니다.
체중계는 용수철 저울처럼 우리의 무게를 재는 것이므로
단위로 뉴턴(N)을 쓰거나
무게를 뜻하는 50킬로그램중(kgf)을 쓰는 게 맞습니다.
우리가 평소에 체중계에 올라 50kg을 말한다면,
사실 50킬로그램중(kgf)을 줄여서 말한다고 이해하면 됩니다.

밀도 = 질량 ÷ 부피
라고 하였습니다. 여기에서 질량을 무게로 바꾸면 '무게밀도'가 됩니다.

무게밀도 = 무게 ÷ 부피
입니다.

10원 동전과 100원 동전의 무게와 부피를 잴 때 질량 대신 무게를 사용하면
밀도 대신 무게밀도가 됩니다.
하지만, 무게밀도보다는 '밀도' 가 교육과정에서 더 자주 사용되기에 책 본문
에는 밀도를 사용하였습니다.

밀도와 부력

밀도가 작은 것은 위로 뜨고,
밀도가 작은 것은 아래로 가라앉는다고 하였습니다.

질량과 부피를 이용한 밀도 값으로 설명을 하였습니다.
같은 현상을 부력의 관점에서 설명할 수 있습니다.

아르키메데스의 원리는

물 속에 물체를 넣으면 그 물체의 부피(차지하는 공간의 크기)만큼
물이 흘러 넘치고, 흘러 넘친 물의 무게만큼 부력을 받아
물체가 가벼워진다는 것입니다.

밀도가 물보다 큰 철기둥은 물에 가라앉습니다.
이것을 부력의 관점에서 설명하면,
철기둥은 무게가 부력보다 커 가라앉습니다.

밀도가 물보다 작은 통나무는 물에 뜹니다.
이것을 부력의 관점에서 설명하면,
통나무는 부력이 무게보다 커 뜹니다.

철기둥은 가라앉지만,
철로 만든 배는 속을 비워 밀도가 물보다 작아 물에 뜹니다.
이것을 부력의 관점에서 설명하면,
무게를 줄이고 배의 부피를 크게 하여
배는 부력이 무게보다 커 뜨는 것입니다.

같은 현상을 밀도로 이해할 수 있고,
부력과 무게의 차이로도 이해할 수 있습니다.
밀도로 이해하는 것이 더 명료하기에 책에서는 밀도로 설명하였습니다.

부피

부피는 물체가 차지하는 공간의 크기입니다.
부피의 단위는 밀리리터(mL), 리터(L) 가 있습니다.
집에서 실험하는 방법에 사용하는 100mL 메스실린더는
100밀리리터 메스실린더를 의미합니다.
메스실린더는 부피를 측정하는 도구입니다.
집에서 실험을 할 때는 안전한 플라스틱 메스실린더를 사용하세요.

집에서 실험하는 방법

이 책은 선생님이 도서관에서 심화 실험한 내용을 정리하여 지었습니다.
선생님과 도서관에서 만나 수업을 하면 좋지만,
집에서 스스로 실험하는 방법을 알려드립니다.
준비물은 인터넷에서 쉽게 구할 수 있습니다.

<준비물> 전자저울, 100mL 플라스틱 메스실린더 2개, 스포이트

<실험방법> 플라스틱 메스실린더 2개에 물을 각각 50mL씩 채웁니다.
(꼭 50ml가 아니어도 상관없습니다. 60mL, 70mL, 등등 모두 괜찮습니다.
중요한 건 메스실린더 2개에 물을 똑같이 받아야 합니다. 그래야 나중에 물이
넘친 부피를 정확히 알 수 있습니다.)

10원짜리 동전 22개의 무게를 재면 약 27g 입니다.
그리고 100원짜리 동전 5개의 무게를 재면 약 27g 입니다.
같은 무게의 10원짜리 동전뭉치 27g 과 100원짜리 동전뭉치 27g을 각각
50ml 물이 담긴 메스실린더에 넣어봅니다.

<실험 결과> : 10원짜리 동전뭉치를 넣었을 때 넘친 물의 부피가 100원짜리
동전뭉치를 넣었을 때 넘친 물의 부피보다 많습니다.
(10원짜리 동전뭉치는 약 7mL, 100원짜리 동전뭉치는 3mL 넘칩니다.)

이유 : 물이 넘친 부피는 금속의 부피와 같습니다.
같은 무게일 때, 알루미늄과 구리를 비교하면,
알루미늄의 부피가 구리보다 더 크기 때문입니다.

맺음말

안녕하세요?

과학커뮤니케이터 수소라는 예명으로 활동하고 있는

저자 이정원 입니다.

경기도에서 초등학교 교사로 재직하고 있으며,

한국과학창의재단 과학커뮤니케이터로 활동하고 있습니다.

수소라는 예명처럼,

수소차를 타고 전국 과학관과 도서관을 다니며,

과학을 활용한 지속가능한 미래를 꿈꾸고 있습니다.

기후변화 등 재앙이 온 세상에 퍼졌지만,

항아리 안에는 과학이라는 '희망'이 있어서

사람들은 모든 어려움을 이겨내었다는 이야기를 모티브로,

'희망이 이겼어!' 라는 과학문화 슬로건으로 활동하고 있습니다.

교사로 재직하며 학생들을 가르쳤던 내용과

과학커뮤니케이터로서 전국의 도서관을 순회하며

수업한 내용을 토대로 교육과정에 기반하여

과학의 원리를 쉽게 알 수 있는 내용을 구상하였습니다.

그림은 Midjourney 유료 버전을 활용하여

프롬프트를 작성하여 그리고 후작업을 하였습니다.

일부 그림은 직접 그렸습니다.

이 책은 학교와 기관에서 선생님이 과학의 원리를 실험하며 수업하였던 내용을

교재로 담았기에, 실험수업의 보조교재라 할 수 있습니다.

책에 나오는 실험을 직접 해 보면 '책의 내용이 이런 뜻이었구나!' 하고

더 잘 이해될 것입니다. 책에 나오는 내용을 집에서 직접 해 보아도 좋고,

선생님이 도서관에서 수업을 할 때 함께 하면서

책에 나오는 내용이 이런 뜻이었구나를 이해해도 좋겠습니다.

혹시 읽다가 책의 내용이 잘 이해가 안 될 때는

저자 메일 seradeus@naver.com 로 질문하면 확인하고 답장하겠습니다.

'과학커뮤니케이터 수소가 들려주는 과학 이야기'

시리즈 첫 번째 이야기는

위대한 과학자 아르키메데스의 일화로 시작하였습니다.

앞으로 많은 이야기를 들려드리겠습니다.

이 책을 읽는 독자들 중에 앞으로

아르키메데스처럼 훌륭한 과학자가 많이 나오기를 기원합니다. 감사합니다.

과학커뮤니케이터 수소 이정원 드림